我想要

始终不渝地

生活

[日]松浦弥太郎　著

郑悦　译

ZHEJIANG UNIVERSITY PRESS

浙江大学出版社

Preface　　代 序

人生中途的心境备忘录

我今年五十一岁，是五字头的新人。

虽说年纪过了四字头，进入五字头，但我还是一如既往地谋求新工作适应新环境，开始全新的冒险。要是在之后遇到了新的情况，我也会很好地整理自己的心情，使自己恢复到最自我最自然的状态。

总之，依然是不断围绕"基本"。

还可以尝试新业务。

就算尝试失败了，也需要回到原点。

正值人生半途的我，内心常常持有"基本"。

虽说"基本"的存在方式和表达方式不尽相同，但其实它就在身边。

　　绝不是还很年轻，但离老去还很早。

　　在人生的中途，若是自己内心有"基本"，就能在冒险中不迷失。

　　这本书就是为这样的大人所写。

　　这本书就是大人的"基本"。

　　这是我和你的人生中途的备忘录。

二〇一七年夏

松浦弥太郎

Prologue 前　言

"基本"都是"新的"

常常被人这样说："松浦先生真是喜欢'基本'啊。"

我的确是喜欢"基本"，我认为"基本"很重要，对"基本"有兴趣，以此为原则来生活、工作，也以此为题进行写作。

不过，更准确地说，我喜欢的是"新东西"。

我从小就喜欢新东西。

从孩童到少年，再到青年和成年，我始终会被新事物所吸引。

然后我也会这么觉得，所谓"基本"也总是新鲜事物。

食物、衣服、服务、电脑系统，基本上这些都是新鲜事物。

　　没有没用的东西，即使是被迫以最小限度存在的东西，也会很快显现自己的形状。这正是"基本"。

　　反过来说，被安排好的，这种矫揉造作的东西，不是"基本"。

　　那么这是为什么呢？要是思考这是为什么，原因也能想到。

　　所谓"基本"，是理所应当的事物，也是未知的东西。

　　正因为如此，当你将它搁置不谈时，即使是"基本"，也会变得难以理解。

　　因此，去掉不必要的部分，将复杂的东西抛之脑后，乍一看有些无聊，可"基本"却会迅速显现出来。

　　这样就容易理解，并将新事物的好处正确表述出来了吧。

"基本"常常在"中途"

唯有"基本"是新的，唯有"基本"是简单的。

而且，在不断的迷茫、失败和不顺之后，我会觉得我还是喜欢"基本"。

为了探求新事物而激动地旅行，遇到新的"基本"，会忍不住地开心。

试着探求新事物，渐渐地在脑中形成了很多东西。

比如说智慧、方法论，比如说经验、应用，比如说朋友、爱穿的衣服。

哪一个都不差，都是宝贝。于是渐渐地，自己在与简单的"基本"背离。这时才惊觉，自由已被剥夺。

这时就会觉得："唉，哪儿错了？"

渐渐变得难于理解，最后失去了自我。

就好像心情舒畅地在海里游泳，却突然意识到自己已被风浪冲走，成为孤零零的迷路的孩子。

这时的我总是想："啊！要回归'基本'！"

回到自己内心存在的"基本"。

回到简单，这很重要。

大量经验、智慧，甚至财产之类的，都要全部舍弃。

这样才能再次和"新事物"相遇。

总之，就是要回到简单的"基本"。

目　录

Contents

1

Part One
大人的"基本"：每天每天地整理自己

2

Part Two
大人的金钱：过不贫乏的人生

Part Three
大人的兴趣：不断探索新的生活

3

4

Part Four
大人的时尚：内在很重要

Part Five
大人的朋友们：把成长当作关键词

5

6

Part Six
大人的"输出"：要学着这样讲话

Part Seven
大人的写作术：用文字分享自己的小欢喜

7

Part Eight
大人的计划：平衡感很重要

8

9

Part Nine
大人才拼命工作：保持注意力的方法

10

Part Ten
大人的创业：在"基本"上开出的花朵

尾声 Epilogue

1

Part One

大人的『基本』：
每天每天地整理自己

Sunday Morning 7a.m.

「星期天早上七点做什么？」我经常问自己。

对这个问题的回答展示了自己的生活方式。

这个重要的时间是一周的开始，我觉得这是自己的『基本』。

每天保养

五十岁之后，更需要有规律地早睡早起了。

原本我的生活是很有规律的，如今更是将身体管理当作一项不可缺少的工作。如果不好好睡觉，就很难发挥自己的潜力。

大约四十五岁之前，我还觉得两天不睡觉和别人比也不会差什么，现在不管怎么有心气，也没办法讲这样的话了。这是随着年龄的增长，自然发生的事情。

如果不好好正视健康管理的话，我觉得之后十年、十五年，就再也无法继续工作了。五十岁之后要想的是，珍惜自己。

生病或受伤时，我总是停下思考："啊，要是之前好好珍惜自己就好了。"比如说，四十岁之后，很多人都患了肩周炎，我觉得这时就要告诉自己："不能逞强的年纪到了，今后必须养生了。"

在这之前，我便想要珍惜自己。年纪越大，就越要珍惜自己。

早睡早起，每天早上都想有创新的精力。因此我晚上十点钟左右就寝，早上四点半左右起床。

起来之后到七点左右都是自己的时间。晨跑、吃早饭、看报纸、读书、检查邮件，基本上比较悠闲。

之后早早出门，第一个到公司工作，写一点稿子。整个上午都在思考、写稿，从事生产性的工作。

下午与人见面、与人沟通商议，收集信息、发布内容。

不管多忙，晚上六点半结束工作，回家吃晚饭，然后就寝。

一周一次，最多两次，和人聚餐。

这已经形成了规律。

基本上，周六和周日也是在同样的时间起床和就寝。上午和下午的感觉也和平时一样。只是增加一些空闲时间，做些其他工作。

每天早睡早起，每天勤勉地保养自己，只要不在休息日睡懒觉，就不会觉得把一整天的时间都浪费了。总之，不该休息的时候就不休息。

周末早上七点也的确比平常更悠闲，身心舒畅，这是检验自己生活过得还不错的标准。

不做
决定哪些事情

人到五十，大家都有了各种各样的经验，也形成了由自己的"基本"所组成的生活。

与之后增加的"必须做的事情"相比，只有保证睡眠时间才是真正必须做的事情，自己调整生活节奏，就是大人的"基本"。

每天试着确认一下平时并不注意的习惯，将之理所当然地纳入日常的生活。如果是不必要的习惯，就不遵守；如果是不必做的事情，就放弃不做。

　　到了五十岁，那些原本觉得时间还有很多的人，都感受到了时间有限这一沉重的现实。如果不专注做想做的事，机会来时就无法把握了。

　　正确地判断很重要。不过，我觉得不做判断也是大人的智慧。

试着在水中漂浮

"做与不做"，我经常无法立即做出判断。有选择困难之时，我会烦恼很长时间，会觉得有压力。但若是身体因此而变差，事情就本末倒置了。

真正迷茫时，我会把问题交由时间。就像被激流所卷裹时，放松下来，放弃慌乱而无谓的挣扎。顺应着周围的情形，跟随自己的内心，慢慢向前走。

不要压抑，不要多虑，即使犯错也不要挣扎，只要"孤零零"地在同一场所里，停止思考，保持安静。但是就像绝不让自己溺水那样，轻轻动一下脚，在水中保持平衡。

偶尔遇到能够倾诉烦恼的朋友，自然地聊聊，不用刻意商量。

无法决断时，不管多么焦虑地咨询他人，也是得不到答案的。能解决一切的是时间。

即使交给时间，到了规定的时间节点，你也必须回答"是"或"否"，"左"或"右"，这就是所谓事态的进展状态。到了这个时候，脑海中一定会突然浮现出想要的答案。

为了这个时刻的到来，最重要的是放松，事先整理好自己的心态。

在大人的生活中，放松的方法需要得到重视。但总有需要使劲儿的地方，这也是没办法的事。除此以外，用轻松的状态去工作与生活难道不是理想状态吗？

慢下来才是生活

即使拼命工作，时不时也要思考一下自己的前进方式。

三十岁、四十岁，是人生向着第一"前进！前进！"的时期，是不断前进、保持进取心的时期。

不过，到了五十岁，还为了进取心全速前进，虽然看上去很厉害却没有美感了。这是我的想法，也许有不对的地方。

　　奔跑未达到全速之时，干脆有所保留。我觉得这么干，就是保养自己，是保持长期奔跑的秘诀。

　　我跑了七八年马拉松，差不多隔一天的早上就要跑一次。努力的话，可以以每公里四分半左右的速度跑十公里。不过，这样努力的自己绝无美感。呼呼喘气、脚步沉重、大汗淋漓，感觉自己的基本状态都崩了。

　　也许有拼命努力的美感，但这不是我追求的风格。就算慢了下来，也还是可以有自己的节奏。不追求速度，而是追求跑步的质量。

　　不仅对跑马拉松，这对工作、生活和人生都适用。因此，我拼命工作时，是在与自己进行某种战斗。能让别人看到的，还是悠闲的、放松的工作方式吧，而不是在加速、能力方面的竞争。

　　自己每天的度日方法、工作方式、生活方式、思考方式及与人的关系，所有的一切都想要用心地保持有美感的"基本"，这是我的目标。

工作中也有要分胜负的时候。

不过，如果每天都有比赛，我觉得不可能都能赢。赢一半、输一半，我觉得平均下来不赢不输挺好。只有不求全胜，才能让自己的生活方式、工作方式有长久持续下去的可能。

"为了想要赢时能赢，平时要经常输。"

就这样保持慢速，我想要珍惜自己有限的能量。

放筷子的方式好看吗？

偶尔放松很重要，休闲也很重要。

不过，基本上不放松才是大人的做法。

为了防止不小心放松而需要特别小心的是，事情的开始和结束。

开始是有气势、一鼓作气地推进事物的进展，而结束却意外地要一点点去完成。

我经常记着"好好放筷子"，这是一种象征。

很多人在开始吃饭时说"开动了",因为吃饭的过程中觉得好吃,吃完之后却满足而放松地随意放下筷子。

而我习惯不到最后不放松,认真地说完"感谢款待,谢谢您"之后,将筷子整齐地收好放好。写稿写信时,不因为"啊,结束了"而放松,而是认真写完最后一笔。

工作终结时、与人分别时,都是如此。

想着对方,认真考虑周围的情况,掌握"结束的做法",绝不能放松。

我觉得所有的事物都在叠加,一个完成之后,接下来会有其他的与之相连。这么做下去由点连成线是最理想的,如果一切只是分散的数的累加,就会无聊又寂寞。

这么想的话,心里就要记着工作结束的方法。我觉得这就是"大人的基本"。

2 Part Two

大人的金钱：

过不贫乏的人生

「为何要这么严谨地生活、努力地工作？」

听到此问，我回答，「因为不想回到贫乏的状态」。

对方吃惊，自己也吃惊。

金钱的贫乏、心灵的贫乏、朋友的贫乏，我了解这种贫乏的可怕。

大人的『可怕的宝贝』

"放弃自己的梦想，做着不想做的工作，只是为了生存，没办法。"很多年轻人带着这样的想法工作着。我也从年轻的朋友那里，听到过这样的疑问："只是为了钱而工作，要怎么才能提起劲儿来？"

回忆青春，我并没有想过这样的问题。

幸运地靠着运气和才能，我只做自己喜欢的工作。

一直过着富裕的生活，从来没有缺钱……

当然没有这样的理由。

活着就一定要努力，不管提不提得起劲儿，不劳动不得食，也无法养活家人。因此并没有思考"如何提起干活的劲儿"之类的问题。

虽然和年轻时相比，现在较为宽裕，但内心深处依然强烈根植着"不想回到贫乏"的信念。正是因为有了这种恐惧心才努力、拼命、快乐地工作。

贫乏不只是指没有钱。

年轻时有过无法言表的低沉时期。

也指没有钱、没有朋友、丧失心气的孤独时期。

至今依然有"如果今日懈怠，明早醒来时，也许就回到那个时刻"的恐惧——估计此生永远也不会消失吧。

这倒也不是心灵创伤、执念……

这种恐惧的状态是我的宝贝。"不想回到那个时候"的动机，成为与现在的我相连的类似引擎的东西。

大人要是身怀这样"可怕的宝贝"也不错，而且要好好珍惜，要紧紧抓住这种感觉。

回忆四万五千日元的

这是在我很年轻时，某一年过年时的事情。一看钱包里只剩下八百日元。

在迎接新年，大家买东西、吃饭时，我的全部财产只有八百日元。

"这个钱要怎么使用？说起来，我怎么只有这些钱？"

这么想着，我盯着钱包里的硬币看了好一会儿。

还有很多类似的笑话。

三十岁时，我刚从美国回来时，时间和想法都很多，但是没有钱。

结婚之后，开始二人生活，公寓房租每月四万五千日元。我在那里居住期间，曾经两次交不上房租。

我们的房间在二楼，房东在一楼。到了约定交房租的月底，夫妇两人到房东家，站在玄关里拱手拜托。

"对不起，我们没有钱付这个月的房租，能请您再等等吗？"

一个月四万五千日元。这在当时绝对算不上贵，但我们是交不起房租的年轻夫妇。我的妻子当时只有二十五岁。

那时没有互联网，去过美国的我比别人了解更多的信息，内心充满很多想法，有很伟大的梦想，野心勃勃。然而我对付不起房租的自己非常懊恼，在那样的夜晚会在被子里哭泣。

"真是难为情啊。从美国回来，说得自己多么伟大，这都是什么呀。"

时至今日，这些事情都成了笑谈，夫妇之间偶尔还会聊起这些往事，但过去自己的确是那样的人。

咬着牙说："马上让你们看看。"那时的我，带着从美国买回来的关于视觉设计的书，上门推销给日本的设计师。

当时，购买西洋书不像现在这么容易，海外信息流入的速度也比现在慢很多。

在这当中，先人一步得知美国信息的我，想着"把这本书卖给这个人"，给未曾谋面过的设计师写信，想办法约他。抛开卖书，我们还会聊很多其他内容。

觉得我有趣的人们会说："就把设计师某某介绍给你吧。"于是终于得到了扩展业务的机会。

当中有个人跟我说："讲得这么有意思，就试着写稿吧。"就是在这个时期，我开始与遇见的人形成某种关联。

不过这还不是真正的入口。

且不说起步阶段卖书能不能卖钱，我连便宜公寓的房租都交不上。

"请你一定到公司就职。这样的生活实在太艰难，请你做能拿到工资的工作。"妻子也这么说我。

我拜托她："再给我一年，让我用自己的方法试一试。"每周三天推销书，剩下的四天打工干体力活。进出设计师的办公室与挥汗如雨地在建筑工地干活，我同时做着两份工作。

虽然每周有两个休息日，但其实我一天都不休息，我觉得一个连房租都交不上的人要是还休息真是说不过去。这就是我的三十岁。

今后就算过上了富裕的生活，我也绝不会忘记那时的生活、那时的自己。

懊恼的泪与咬着牙努力的日常，是自己的某种本质。

说吧，说"我喜欢钱"

在网站"生活的基本"中，每天更新的"要怎么存钱"系列，在社会上引起了巨大反响。

首先，要了解日本有"钱是脏的""不要谈论金钱"的缄默习惯。

因此，每一个人从小到大都没有学习过关于金钱的知识，一无所知地开始工作赚钱。

即便自己成为大人，可以自由地使用金钱了，还是有很多人不知道要如何与金钱打交道吧。

如果没人教关于金钱的知识，就只能自己孜孜不倦地学习。

我认为，金钱对于大人的生存来说是重要的"基本"。

金钱并不是令人讨厌的，谈论金钱也不粗俗。

金钱对于生活、工作都很重要，是不可或缺的朋友。认真思考一下，还是要好好与之打交道。

刚开始作为自由职业者的我，用极端的说法来说是"日光族"。我经常钱不够用，就算不喜欢，自己也不得不早早地和钱打交道。

有几条在那时决定践行并且到现在还在遵守的对待金钱的方法。

首先是要想着"喜欢钱"。清楚地用语言说出来："我，喜欢钱。"只有这样才能重视钱。

接下来另一条，虽然看起来可能有点矛盾，那就是

"不追逐钱"。

不管多缺钱，也不为了钱而消耗自己人生的时间。讨厌一直想着"为了赚钱才这么干"的人生，不想把赚钱当作行为的目的。

我决定，自己真缺钱时，就做体力工作。

把自己当作公司来运营

之后我就开始经营移动书店——叫 Cow Books 二手书店，同时开始写散文。虽然我还是自由职业者，但在三十五岁之后，开始形成了自己工作方法的"基本"。四十岁之后，增加了做《生活手账》总编辑的工作。五十岁之后，在日本料理菜谱网 Cookpad 工作，但"基本"没有变过。

自由职业者、个体户、公司经营者、职员、公务员，虽说种种工作都有共同之处，但平常工作着、生活着，没钱是共同的毛病。没钱的话恐怕是钱的使用方法不对。

金钱有收入和支出。

与收入相比，如果花的钱太多，无法达到收支平衡，那么无论收入多高，都会持续缺钱吧。

我在确定了工作方法的"基本"之后，很快根据每月自己的收入，确定生活所需的金额。不管多辛苦，每月必须存钱。

到现在也是如此，只是现在是把自己当作一家公司来运营。

就是说，按照一年的期限，设立"二〇××年度松浦弥太郎股份有限公司预算"。

根据一年的收入预算，简单地把预计的收入分成十二份，计算每个月的计划。

根据这个金额，分配"使用的钱、存入的钱、投资运营的钱"。这是相当简单的方法。

公司需要运营成本，也必须投资，但也要有留起来的钱。而且要有不管在哪里、被谁看到，都不觉得羞愧的财务状况才是理想状态。

每年，年初时做预算，年终时重新审视。

从年轻人那里听到过"存钱之前，先要赚钱"的说法。

这很简单。把工作完成得更好，这是多赚钱的最佳方法。

有工作，但表现不佳就不提了。不是以百分之百为目标，而是要百分之一百八十来完成。让自己的客户、委托方、公司都受益，一次都不让人失望。

委托方惊叹："这么便宜的价格，做得这么好！"委托方因为受益而高兴，但"好东西"不仅能让委托方高兴，也会成为自己的实战成绩。"交给这个人没错。而且能得到超过预期的好东西。"得到类似的信任后，就能得到下一项工作，也会因此得到更多的机会。

如此反复，自己的信用得到提升，就能得到更多的工作。信用渐渐增加，于是钱也就跟着来了。

我所写的这些内容，并不只是针对与内容相关的工作。

无论从事服务业还是金融业，还是当护士，"基本"就是，只要做出在别人期待值以上的工作效果，就能赚到很多钱。

每天都要努力存钱

有了存款，内心就能从容，然后思考钱怎么用。

我经常对年轻人说，"存一百万日元吧"。这虽然是相当大的金额，但也绝对不是不可能的数量。我觉得这是现实中普通工作者也能存到的数。

首先是试着存一百万日元。接着自然而然就开始学习管理金钱，站在起跑线上，开始"与金钱做朋友"。

作为大人，存了比一百万日元更多的钱的大有人在。账户里有一千万日元、一亿日元的人也不少吧。不过，就努力存钱这一点而言，一百万日元和一千万日元没有差别。

存钱和每天晨跑是同样的感觉。旁人看来"每天这么跑好辛苦呀"，但对本人而言，这却已经是习惯，不算什么了。我觉得是这种感觉。

要想存钱，身边最近的是银行，银行不只是存钱的地方，还是售卖金融产品的地方。大家怕是没有充分理解这点吧。

由于缺乏基础知识，为了不买到自己不想要的商品而学习，这对于大人来说也是必要的。如果自己不积极学习关于金钱的内容，就会变成一直听从别人意见的人吧。

需附加说明的是，作为学习理财的一环，我觉得投资股票是这个时代不可缺少的。钱存在银行里，得到的利息很少。为了让好不容易存下来的钱增多，储备知识，竭尽智慧，稍稍尝试一下股票投资是理所应当的。

像投资经理一样每天看着股价买卖，感觉跟赌博很接近。我倒是不建议这么做。但一般理财的话，还是会买股票的。我觉得对于大人来说，投资股票是对理财组合的学习。

把每一分钱
都用在对的地方

虽说让自己对这个世界产生作用、帮助他人是我的工作，但是衡量工作"真的有效果吗""能有多大帮助"的指标都是金钱。金钱是衡量自己在世上被信任的一个度量衡。

听到年轻的创业者说"从风险投资那里得到了三亿日元的投资！"之类的话，我觉得"这才够受的"。

金钱这种东西，与得到相比，使用更麻烦。

自己劳动所得、得到的投资、募集的资金，让自己因此肩负起很多的责任。

也就是说，有更多钱的人，意味着也得到世人更多的信任。即便是个人的钱，怎么使用大量资金，也包含着社会责任。

金钱难道不是因信用和责任经常配套在一起，而被附加了特别的意义吗？

得到大笔的钱，随之而来的也就有重大的责任。因此得到金钱越多，就越要有心理准备，这绝不是轻松的事。

关于金钱的用法，我也遵守"基本"的信念。

那就是将金钱视为朋友，愉快地使用。

"咦？就为了这点事花钱？"让金钱先生这个朋友失望的方法是，不使用金钱。

金钱的使用方法有消费、浪费、投资三种。我觉得让金钱先生高兴的是投资。

消费是衣食住行，每天都是必需的，没有办法。

太浪费了的话金钱先生会伤心。

对自己来说，需要学习的是投资。

带有自己的意志和思考方式，为了世界而使用金钱，会令金钱先生很开心。

世界会因此对自己增加信任，也会给予更多金钱，形成循环。

若是有金钱先生这样的朋友，对于迄今为止无法实现的事情、在重大的挑战出现时，自己的自由度会提升。这么想来，没有钱带来的是不自由，金钱是通向自由的车票，金钱也能让人挑战想要做的事。

从世间得到更多信任，实现大人的责任，挑战想要做的事情。痛并快乐着，我觉得这是值得大人冒险的。

反过来说，成为大人之后，无论在经济上还是心理上都更加从容了。

不再像过去的我那样担心"钱包里只有八百日元"——那种困窘的感觉不见了。自己习惯用钱了，也知道如何提升自我，迎接挑战了。

不过还是要小心。

对如何使用金钱，如何让自己更有信用、更负责任这样的问题，要认真思考如何回应了。

我觉得这是大人重要的课题。

3 Part Three

大人的兴趣：
不断探索新的生活

园艺、钓鱼、音乐、旅行、运动。

大人称之为『这是兴趣』的东西其实很普通吧？

我并不这么想。

我觉得说『现在正在探索的领域』会稍微好一点。

首先试着做吧

若是大人只是一味地工作，没有自己的兴趣，那很悲哀。

经常有人这么说。

不过，兴趣到底是什么呢？

我因为自己有兴趣而不断向新领域移动，被人称作"兴趣广泛"。

我弹过吉他，学过法语，打过保龄球，现

在又在练瑜伽。不过，把这些叫作兴趣，我觉得也有点不对。

我觉得把自己一直在做的事叫作"兴趣"更贴切一些。

我从小喜欢读书、绘画、听音乐、摄影、旅行、做饭，所以常年坚持。不过，这些被叫作兴趣的东西与工作，还是有些不同。

我已经坚持跑了七年马拉松，这的确应该被称为兴趣，同时也是健康管理的习惯。

这么试着思考，对人说"这是兴趣"的东西，应该是已经开始在做的事情。

并不是说刚开始接触的事物不算兴趣，我也经常尝试新事物，也想把这些叫作兴趣。有这种意识，就会出现"工作太忙了，没时间培养兴趣"的状态吧。

去年热衷的事情，今年可能一点都不想做了。我觉得这也无可厚非。

不断尝试新事物的秘诀是不设立"做与不做"的界限。

"首先试着做吧。"

这是越年长越觉得重要的一句话。

反过来说，让人产生想要做的欲望的事情，也许就是兴趣的种子。

只有自己知道

"你的兴趣是什么？"

我觉得真正的兴趣或爱好是无法与人说的，兴趣是非常个人的东西。

自己热衷的事，并不一定是兴趣。兴趣很小，有些不好意思，怕被人笑"无聊"，可能谁都有这样痴迷的爱好。

比如说，有不少人喜欢揉搓树叶闻味道。

也有人喜欢清洁耳朵。

这对当事人来说是堂堂正正的爱好，但是很难在跟人解释之后得到回应："啊，这爱好不错呀。我也喜欢。"

我觉得这也不错，很像大人的爱好。

大人有很多种角色，必须在工作时是职业的面孔，在家时是家人的面孔，与朋友在一起时是朋友的面孔。

这是令人开心、喜悦的事情，短暂休息时成为本真的自己，也的确可以让心灵得到休息。

自己虽然有热衷的东西，但很难与人言说。

大人需要这样的秘密。

反复品味的歌曲

我很喜欢音乐，虽然会听新歌，但还是喜欢听过去的歌曲。

那时正好是高中生，存了钱，第一次买了音响。之前一直用卡式录音机。第一次听到从扬声器中传来的音乐，开心得不得了。

那是有大把时间、希望吸收各种东西、试着接触新鲜事物的年纪。那时候我听了很多音乐，特别喜欢美国的歌曲，经常听 Ry Cooder、Bob Dylan、Neil Young。最喜欢的是 James Taylor。

Ry Cooder 出新专辑的话，现在也会买。

很多人一边做着什么一边听音乐，我却不喜欢这样。在家晚上睡觉前，想要休息一下时，我就会坐在沙发上听音乐。

这和读书是一样的感觉，和想着"啊，这篇文章不错呀"一样，品味着"啊，此处的旋律不错呀""我喜欢这处的诗"。

因此，我经常反复听同一首歌曲。有时听专辑，"今天睡觉前想要听 James Taylor 的 You've Got a Friend"，还会听好几次。但一首歌不到四分钟，很快就会结束，无法长久回味，所以我就单曲循环到心满意足为止。

"这里想再听一遍""想要确认那里"，我注意细节，听过几次之后会产生新感受。

这么听音乐，会在一首歌中找到几处让"自己享受的地方"，让自己很开心，沉浸在音乐的满足感中。

从现实中抽离

　　兴趣是享受，享受着治愈自己；兴趣也是一种休息。

　　作为大人，平时考虑从工作到家人的各种事情，心灵、头脑都集中在那些事上。

　　集中是必要的。虽然它很重要，但我经常意识到，如果自己没有休息，心灵与头脑都会使用过度，无法集中精神。

　　这时我就听音乐、读书。也不是要一口气

读完一本新书，读过的书也可以重读。随手打开一本书集中精神读一小时。这样就可以从现实中抽离出来。

集中精神读书，去远方"旅行"，从当下脱离出来。

4 Part Four

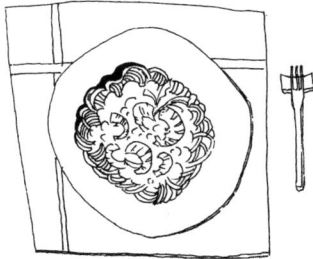

大人的时尚：
内在很重要

James Lock 的绅士帽、J. F. Kennedy 的衬衫都非常时尚。

不过，也许功能、品牌什么的在三四十岁时才知道。

我们大人看重内在。这是真的。

大人的时尚的真谛

　　我很喜欢西装、配饰，不过很多人会想："这种事很重要吗？""为什么年龄愈大的大人对身上之物愈要说三道四？"这种人将西装、配饰称为身上之物。

　　但也有人说西装就是人生。

　　我只是因为喜欢，觉得这样也不错，从三十岁到四十岁，一直在写与时尚相关的内容。

　　即使今天，我也觉得 James Lock 的绅士帽非常棒，J. F. Kennedy 穿的那种纽扣领衬衫也非常时尚。不过，也许功能、品牌等在三四十岁时才知道，当然价格也是三四十岁的时候才负担得起。

最重要的是清洁感。洗干净，用熨斗熨好很重要。这是不言自明的大前提，我也说过很多次。

我们成为大人后，内在比什么都重要。这是真的。

这是成为时尚的大人后所必须努力的方向。洗衣服？熨衣服？不是不是，这虽然也很重要，但是现在需要找到更重要的时尚的真谛。

要有
只穿一条短裤站着
也不难为情的身体

　　认真地说，过了五十岁的我，想到大人的时尚时，觉得最重要的并非衣服质量和搭配技巧，而是锻炼身体。

　　也许女性更早地意识到这一点。到了五十岁，男性的代谢慢了下来。代谢慢了之后会怎样？容易发胖，有赘肉、身体松弛，姿态也变得难看。这么一来，不管多么好的东西穿戴在身上，也不好看。

　　因此，最重要的是通过运动保持身材。我

不是禁欲派，但会为了穿喜欢的衣服而锻炼身体。把早上跑步当作每天的必修课，每周六和周日跑十公里，每年开心地参加数次马拉松比赛。

如果不这样做的话，即使穿着再好看的衣服、穿着再好的品牌的衣服，也一点都不好看。懒散的身体穿不出好看的效果，而且我觉得也糟蹋了衣服。

过了五十岁，什么都不做，也能感觉到身体在慢慢变差。因此，要塑造只穿一条短裤站着也不难为情的身体，并且时时将之记挂在心头。为了穿喜欢的衣服而运动，我就这样提醒自己。

购物是一种相遇

年轻时暂且不提，最近有目的地出门购物的情况变得越来越少。

不如说购物是一种相遇。

如此相遇的物品会一直用着、长期穿着、反复购买，也是自然而然的。

很多年前，我曾偶遇某位设计师。那是我一个人在温哥华旅行时的事。在一个咖啡馆里，一位穿着很有型的衬衫的男生和独自喝着咖啡的我攀谈了起来。那时我并不知道他是著名设计师。

　　他自我介绍说自己是在英国布莱登开店的。我也自我介绍说自己是在东京中目黑（译注：中目黑是日本东京目黑区的一个地方）开 Cow Books 二手书店的。他就这样随口说："我在杂志上看过你开的二手书店呀，我想去看看。"有这样的偶然，旅行才能被称为有趣。

　　聊了一会儿之后，他把自己的衬衫脱下来送给我。我也很开心，把自己当时戴的帽子送给了他。我们彼此交换了自己喜欢的物品。

　　我当场就换上了他的衬衫，他看出衣服有些大了。回到东京之后不久，我就收到他送给我的合身的衣服。因为有了这样的偶遇，此后我一直购买他设计的衣服。

　　虽说这是个特殊事例，但我觉得购物就是这样的相遇。

　　不过，有人希望在国外的咖啡馆里别人和自己搭话吗？其实这很简单。一个人的旅行时间若是充裕，试着每天同一时间都去同一家咖啡店喝同样的东西。至少店主、熟客，或者同样境遇的旅行者一定会上前打招呼的。

无论何时都要珍惜

与流行不流行无关，真正的好东西无论何时都要珍惜，我觉得那是终极的大人的时尚。

Murray Space Shoe 的手工靴对我来说就是这样的东西。已经是二十多年前了，和摄影师饭田安国先生一起在旧金山旅行时，饭田先生第一次带我去了这家鞋店。

"松浦，我今天想去一下鞋店，一起去吗？"饭田先生穿着时髦的皮制便鞋。开车前往的路上，我才得知从旧金山开车过去要两个多小时。

那是 Murray（默里）女士和儿子 Frank（弗兰克）两人开的鞋子工坊。

Murray Space Shoe 的手工鞋，饭田先生已经穿了二十五年了。他告诉我，自己只要来旧金山，一定过来修鞋子，然后小心地穿着。在艺术学校读书时，年轻的饭田先生发现了这家小鞋店。他讲的故事把我吸引住了。

母亲 Murray 女士，曾是每天都穿着高跟鞋的办公室女郎。也正因为如此，脚的状况越来越差，这令她非常苦恼。听说她因此去德国学习为脚不好的人制鞋的方法，回到美国后开了这家小鞋店。从那时起，儿子 Frank 已经开始帮忙了。

在从旧金山出发的一路上，我一直听着这个故事，到了一个叫作 Gurinder 的小镇。小小的鞋子工坊里，摆着可爱的手工制的莫卡辛软皮鞋。

我那时虽然想订鞋，但使劲儿忍耐着。不知怎地，我觉得被朋友带到这里订鞋有些失礼。他们觉得我一定只是为了订鞋而专程来这里，而一定等着我来订鞋。

回到日本之后，我写信与她交流，之后为了做鞋而特意去了一趟，订了一双鞋。那时，量脚的尺寸的事真是让我喜出望外。到现在，我已经有了五六双 Murray Space Shoe 的手工鞋。

几年前，在走 John Muir Trail（译注：美国加州一条徒步路线）时，我就穿着 Murray 为我定制的登山靴。这是长距离的徒步，很多人因为鞋子磨脚而中途退出。我跟 Murray 讲起时，她很自豪地说："我是用石膏得到的你的脚型，绝对不会出现鞋子磨脚的情况呢。"

在艰苦的 John Muir Trail 徒步中，我的身上不可避免地脱皮了。但是，与同行者满是水泡的脚相比，只有我的脚完好无损。

Murray Space Shoe 的鞋是我的宝贝。现在 Murray 女士已经去世了，儿子 Frank 也会一直把鞋店经营下去的吧。

感谢介绍给我这么好的宝贝的饭田先生，我也很开心买到了宝贝鞋。和宝贝鞋一起度过的每一天都是回忆……

5 Part Five

大人的朋友们：
把成长当作关键词

和「每天都想要见到」的人见面是幸福的。

听到出人意料、让人发笑的有趣内容。

受到很多启发，产生新想法。

想和这样的人相逢，自己也憧憬着成为这样的人。

变得受欢迎

自己讲起有趣的话题，然后开心得不得了。

插画师安西水丸先生，对我而言就是这样的人。

我跟他并不是特别亲近，只是偶尔有几次机会见面、吃饭，然后就会想要再次见面。

水丸先生和村上春树先生合作的作品有很多粉丝。他是一位能写散文、能画漫画的多才多艺之人。

资深人士和年轻后辈一起吃饭时，只要微笑着悠闲听着就可以了。然而水丸先生，却总是自己抛出话题。

并不是为了满足自己，也不是自吹自擂，而是抱着"想要让大家开心，就让我来照顾大家吧"的心情。

正因如此，没有人讨厌水丸先生。

岂止如此，只要约定和水丸先生喝酒，大家就开始情不自禁地期待那天的到来。水丸先生不仅在女性中受欢迎，在男性中也同样受欢迎。

我虽然不喝酒，但因为想和水丸先生一起吃饭，也盼着见到他。

虽说水丸先生去世了而无法再见是令人难受的事，但我到现在都清楚地记得我们在一起时的快乐。

让人产生"还想再见面"的心情的朋友，就是有趣的开心生活的人。

分开时马上让人觉得"还想再见面"，是因为对方能够仔细聆听自己的话。

成为大人之后，我一直想要努力成为那样的人。

展现自己的方法因人而异。

不过，我也有"自然而然地展现难道不好吗？"的疑问。

要如何展现自己呢？要怎样"输出"呢？要怎样让人高兴呢？正因自己想成为这样的人，才要好好地努力修正自己。

好好遵守自己设定的小规则。

和仪容一样，说令人愉悦的话。

这样的话，我觉得就容易遇见"还想再见面的人"，自己也会成为对方"还想见面的人"。

小王国的小王子

"想要遇到新朋友"，在我心中，突然涌现出这样的心情是在四十五岁左右。仔细想想，是在四十三岁时。

这连我自己都觉得非常意外。

我原本是个"傲慢"的人，小时候偶尔还会嘲弄身边的朋友。

"我就像汽车一样快""我什么都知道"，刚开始都有充满孩子气的优越感。

这么令人羞愧的事持续了相当长的时间。

青年时期，只和气味相投的、价值观相似的人关系要好。

成为大人之后，四十岁时，与跟朋友相见相比，工作更重要。即使为工作牺牲家庭以外的一切，也没有问题，总之是工作优先。

在此之上，无所畏惧，自信满满。

在作家、书店等与自己相关的狭小世界里，被认同自己存在的人包围着。

在这个非常小的圈子里，努力工作就能养活自己，做什么都会得到认可，自己也容易心情愉快。

就好像"小王国的小王子"。

进入《生活手账》杂志社工作后，这里连表扬我的人都没有。这是因为这里都是我做不到的事。

接受杂志总编辑一职的新挑战，渐渐发挥自己的实力。二十四小时工作，强行将想到的事情全部试着做出来，但不一定会有结果。

"啊？为什么？"我感到十分惊讶。

到现在为止，我一直非常努力，结果应该也不错，可为什么怎么做都是一场空呢？

以现在自己的体力，在广阔的世界中能有何为？

世间的水平又是怎样？

了解了现实，对渐渐不再自欺欺人的我来说，自己万能的感觉已消失殆尽。

因为自己一直在一个狭小的世界中。以前，在小世界里一人包打天下，感觉什么都能做，现在则羞愧不已。

世界上有更优秀、更厉害的人。

与这些人是否成功无关，很多人认为自己还未实现目标。

想要与这样的人相识、亲近，成为朋友。

不断看到世界上的新事物，不断遇到比自己更了不起的人。我想要从这样的人身上学习很多。如果不这样做，便觉得无法实现自己的价值。

这时，将我封闭起来的小王国的城墙轰然崩塌。

大人也要努力成长

如果想要自己还有成长的空间，最好是与新人交往。

让人觉得有成长空间的人，以及会让自身成长的人，都是新朋友。

自己是无法让自己成长的。

一直关系良好的亲朋好友，是无法让你成长的。长期交往的朋友是指在过去可能让你成长的人。不过随着时间的推移，这种关联性多半已经消失。

要引发这样的可能性，促进成长，就需要时刻和未知的人有新的相遇。

互相没有缘分的人即使成为朋友，也无法让人成长吧。

我觉得机会是别人带来的。

一直只和亲近的人交往，这种变成习惯的让人舒服的关系，还是重新审视比较好吧。

打破心中的界限

四字头离开了自己的小王国的我，在广阔的世界里结交新朋友。

不过到五十岁，我才偶然发现，自己心中关系好的朋友的数量和对象，到底还是成形了。

当然，虽然欢迎新朋友，也有突发的相遇，但心中还是会出现"有现在的朋友就够了"的想法。

我很怕如果放任不管又会再次形成自己的

小王国。

因此，我经常有意识地探访新王国的新朋友，想要看到新的风景。

与新朋友相逢的秘诀和寻找有趣的书类似。

如果自己经常看外国推理小说，偶尔可以换个口味，比如去读地图手册。这些在平时都是绝不会踏入，只会谨慎远观的区域。

在这样意想不到的相遇和发现中，才能改变自己，让自己成长。

也许有人会觉得，"朋友与书不同，用流派来区分人很失礼"，不过我总觉得人们是可以用流派来区分的。

"我想要和这样时尚的人、这类插画师、这样思考的人做朋友。"

你的心中也会这样想吧?

与价值观、兴趣、行为模式和自己相似的人，不知不觉就会成为好朋友，不是吗？

有新的相遇时，就会任性地觉得，"和自己相同类型的人，自然可以做朋友。但如果对方和自己并不是相似的人，不打交道也无可厚非"。

如果我说中了，那也是很可惜的事。

我想要不分类型地和人打交道。在进入日本料理菜谱网 Cookpad 工作之前，我和从事电脑技术类工作的人毫无关联。

然而，在同一个地方工作，突然就有了联系。

和二十五岁、三十岁的年轻程序员一起吃中饭、聊天，没想到会开心得让人激动。

"哇！这些人好棒呀！"

"还想和这人再聊聊。"

过去的自己所做的无意识的、"朋友框架"之类的东西，真是没意义，我切实感觉到这是损失。

若是从年轻时的自己的角度看，会觉得："啊？为何要和这类人做朋友呀？"但我从此以后要交新的朋友，和这类人亲近。

想要进入自己平常没有涉猎的领域，聊自己平时不会讲的话题，喜出望外地听到新鲜的未知的事。

这是成人交友的"基本"与乐趣。

与新朋友们相逢，自然会涌现出感恩之心。

最好的投资

虽然觉得不应以类型区分人，想结识任何类型的人，可但凡让我感觉"认识这人真好，想要成为朋友"的人都有共同点。

大家都是喜欢工作的人。

不管是怎样的工作都行。喜欢自己工作的人都有着我没有的智慧、才能、技术，也有着自己领域内的人脉。

令人意外的是，在喜欢工作的人当中，也

有很多有点笨的人。也许很多人在生活中搞不定各种事情，是因为工作太投入了吧。

不过我喜欢这种人，也被他们吸引，觉得他们可以信赖。

虽说我想要和这种人见面，想要与之商量与工作相关的事宜，想要得到他们关于某些项目的意见，但却并没有要利用对方人脉的特定目的。

"一起吃饭吧？"

"一起喝茶吧？"

用这样的语气轻松见面，互相交流自己所知而对方不知的内容，一起为有趣发笑。我经常这样。

与和自己关系甚远的人聊得兴起，而这个人身后的朋友、熟人、同事等有几十人。就是说，认识了一个人，就能听到这人身后几十人的故事。

听到不了解的事情，不仅能够获得快乐，而且具有启发性，自己内心经常会发生"化学反应"。讨论各自的理解，产生新的想法，产生想要尝试的想法，过去一直模糊的事情会逐渐变得清晰起来。

自己被人关心着令人开心，而对方也因为有人关心着自己而变得快乐。

和自己相同类型的朋友互相交换对方不了解的内容，还达不到挑拨好奇心、令心情激动的程度。

当然，与人交往是一件有正能量的事。

我本来并不是一个善于社交的人，也理解有"因为与人交往很累，所以就这样吧"这样想法的人。

不过，想想自己现在把时间和金钱都用在哪里了呢？时间和金钱对成人来讲是不可或缺的东西。

时间与金钱是重要的。特别是时间有限，作为大人，无论是谁都身有同感。

因此经常要试着反省。我想要把时间和金钱用于认识和交往新朋友上。这样的能量平衡，对我来说最幸福。

而我觉得这样的自己，从此之后也会为了在世上发挥作用而成长。

总之，我认为将时间和金钱用于交朋友上，是最好的投资。

6 Part Six

大人的『输出』：
要学着这样讲话

『输出』是创造新东西吧？

『输出』是特别的人做的事吧？

我不这么想。

我觉得所谓『输出』，是『以大人的心得为名的交流』。

假如自己是商品

我经常把自己当作一种商品。

这世界对年过五十的松浦弥太郎这件商品有怎样的需求？我对这世界又能做些什么？有怎样的贡献？

这对在公司工作的人、守护家庭的人，都是一样的。

一有机会我就试着这样思考。

把自己当作商品的情景是，大多数的大人已经过了
"新鲜的全盛期"。

如果是如同娇嫩的鲜花一样的商品，若是过了"新
鲜的全盛期"，就没有价值了。它必须被当季购买并消
费完。

不过若是像苹果酒之类的商品，即使过了"新鲜的
全盛期"，也不会失去价值。

苹果酒历经时间的流逝，反倒能增加口感。

即使用作调香，也能做出好吃的点心。

使用方式被无限拓展。

而自己这项商品，为了在世间能被消费，要怎么办
好呢？我到了五十岁之后，就一直在思考这个问题。

被厌烦，不被需要，这真是让人悲伤。

我一直相信，这世上有不被厌烦、被人持续需要的方法。

我虽然觉得自己渐渐变得迟钝，但觉得还是有"接收胜利的天线"。

"为何没有注意到这些地方？"

"为何没有更进一步地挖掘？"

自己心中有很多类似的主意和发现，这都是不为世人所注意、还没有告诉别人的事。

因此，我想要借助书、网站继续传递。不，我觉得是必须传递。这是我的工作。

这是因为我有自信，世人一定会喜欢作为商品的我。

因为被需要，所以提供服务。很简单，就是这么理所应当。

为『输出』增加含金量的方法

把自己当作商品提供服务，包括与人交流。

写文章、生产内容是我的生计，我也就因此"输出"了几条"基本"。

比如说，我运营的网站"生活的基本"中介绍炒豆腐的文章的题目是"美味是温柔"。

这是让人吃惊、吸引眼球的文字，是我最终努力地做到"输出"的一个例子。

　　既是编辑又是作者的我，标题的处理、行文的遣词造句是显示技巧之处。心里想着："这里不努力的话，要在哪里努力呢？"

　　当然，我也努力写了这篇文章，不过忙碌的你们不一定会细读全文。

　　如果要写出有趣的文章，那么它的标题和导言一定要吸引人，这样读者才会有阅读全文的可能。

　　因此，我绞尽脑汁根据自己的品位，选取了"美味是温柔"这个题目，也与读者做了这样的交流。

　　互联网有很多入口。其中搜索这个入口相当大，不仅有像我这样做媒体工作的人，也有贩卖商品、出售服务和开店的人，所有的人都应有"要被搜索到"的意识而"输出"。

　　然而，只有"有趣"的"输出"，而没有知识的支撑，也无法支撑大人之间的交流。想要搜索"美味是温柔"

的人，恐怕很少吧。

因此添加一行表达内容的小字——"这样炒豆腐"——这是容易理解和搜索的字。

为"有趣"添加知识。这也是大人之间交流的途径。

如果反过来做，就白费心思了。

若是遵循易于搜索的关键词的方法，不用"美味是温柔"，而是用"怀旧炒豆腐"做标题，可能片刻就会提升搜索量，增加点击量。

如果这么做，"生活的基本"的世界就被破坏了，这就和很多媒体一样了吧。

与技术相悖，带着感情表达自己的世界观和心态，这才是我想要的"输出"。

虽然我讲的是特定的工作内容，但这难道不是和很多事情相似吗？

自己的"输出"是在自己的世界观里的吧？

无论是谁都会时不时这样问自己吧？

深思熟虑

"生活的基本"每周一早上六点更新，也曾出现过内容上传五分钟之后再改标题的情况。

"爽朗之心，一口松脆"——我最初用这个标题写用苹果与芹菜做的沙拉。我在写作时参考了纽约老店华尔道夫酒店名品沙拉的制作方法。

我对自己的"输出"产生了彻底的怀疑。

想着想着，我觉得这不是最好的表达方式。

"到底还是不对？不是这句。"

"这个说法不自然。"

"这一句没有概括完全。"

上传文章之后，我一直用最严厉的眼光在质疑。

大概这就是创作者自己在思考的，而读者并没有注意到的小事吧。不过，这是我最喜欢做的。

而杂志和书，一旦开印，不管多想更正也无法挽回了，也没有办法修正。

常常在重读一遍文章或是小睡片刻后产生了疑问和新发现，于是不得不长久回味着无计可施的遗憾。

网站的话，有马上更改的功能，所以很方便。不过也常出现问题。

当然，也有人认为，"作为职业作者，一旦'输出'，就应该爽快地结束"。不过,和下一期出刊本期就终结的杂志有所不同,网站在更新后还一直存在。正因为存在,所以必须反复质疑,深思熟虑,达到最好的效果。

表达感情的方法

在交流中，对我来说还有一点很重要，即如何表达感情。

做饭用"料理"表示、裁缝用"手艺"属性表示都非常一般，如果把这些称作"基本"是不对的。

比如有"愉快"的料理吗？

如果今天有个非常寂寞的人，用智能手机搜索"寂寞"时，跳出了能安抚冻僵了的心的料理会怎样呢？

我觉得这样非常好。

这是因为智能手机是无聊时刻、有点想要逃避现实时、不知为何焦虑不安时才会碰触的物品。

因此，越是带有与人的情感相连的"输出"，才越能对人有帮助，难道不是如此吗？

读者花时间读着我们推送的文章。

时间和金钱非常相似，人们在考虑为何花费时间和金钱时，都会浮现出"这是用来帮助我的"的答案。

因此我觉得在交流时，要对人的情感有所助益。

网站成立之后的一年中，我一直在做"生活的基本"的模型，也就是类似原型的东西。做的时候，我觉得很有趣，也有质疑和深思熟虑的时候，总之进行了各种实验，打算制作"生活的基本"的"基本"。

　　无论什么事情，必须先做好"基本"，没有"基本"就没有极度纯粹。

　　虽然会觉得辛苦，但我觉得越是做纯粹的产品，就越希望它能帮助人们更好地交流与生活。

大人的遣词用语

　　我的工作是与语言打交道，可能这有点特殊，不过语言是任何人都在用的东西。

　　这么说来，每天说话也都是"输出"。对于大人，把恰当的遣词用语当作"基本"是最好的。

　　若是年轻人，使用流行语或说话随意一点也不奇怪。不过，作为大人，会有因为一句话给人留下不好印象的情况，还是提前做好防止这种情况出现的准备为好。

比如我，觉得使用"妈妈车"（译注：带车筐可载小孩的女士自行车被称作妈妈车）这个词的人很悲哀。尽管这种人可能衣着和工作都不错，但一开口说"那里有辆妈妈车"，那么一切就都瞬间崩塌了。

虽然我没有讨厌或轻蔑的意思，但吃饭时吃了一口就叫"好吃"的成年女性也让人觉得不舒服。说实话，即使是男性，我还是希望他能够尽量使用"美味"这样的语言。

即便是拥有各种各样知识的成年人，也会说出让人瞧不起或倒胃口的对话。

有教养、不呆板、自然地，遣词用句是需要下功夫的。

不使用污秽的语言，词与所表达的意思之间没有冲突。

我觉得这样的说话方式是大人"输出"的"基本"，自己也该如此认真对待。

让人开怀
是大人的教养

　　无论是写东西还是与人交谈，五十岁之后，我都暗暗在心里想好了基本的做事原则。

　　这就是让人开怀。

　　能做到这一点，便体现了大人的能力。

　　虽说有人把年长男性的笑话嘲讽地称作"老大叔的烂笑话"，但实际上，讲出笑话的人需要很高的审美能力。

在我尊敬的优秀的大人当中，也有和"老大叔的烂笑话"稍稍不同，经常讲有趣的事情而让人开怀大笑的人。

他们实际上是非常聪明的，尽管说着琐碎的话，但自己的生活却非常井然有序。

成为大人之后，平时举止规整，与人接触也从来不开玩笑，这会让魅力减半。年届五十，坚持"我是认真的""我不明白，别开玩笑了"这样的回答，实在是很无趣。

无论何时，无论何种状况下，能让人开怀的人都很棒，我也憧憬着成为这样的人。

这需要身怀让人开怀大笑的能力。

姑且将此称为大人的教养。

教养，听上去可能让人感觉门槛有点高。日常生活和工作当中有很多人、很多事，都需要我们带着好奇心去好好观察。世上的美好与趣味，都有着让人吃惊之处。

与人一起喝酒、吃饭时，不抱怨工作，不发泄不满与怒气，也不自夸。

说完"这样的话题啊"，接下来能一直讲出让人不断发笑的话。要是成为这样的大人，那就最棒了。

故事储蓄罐

"要是能和人一起分享，那该多开心。"我想要把有趣的故事像存硬币一样存在储蓄罐里。

比如说，有一个浑身疼痛的患者的故事。

一家诊所里，来了一位无论碰哪里都疼的患者。

医生说："你试着按一下肩膀。"患者按着自己的肩膀说："疼疼疼疼。"

医生说："你试着按一下肚子。"患者用力按着自己的肚子说："疼疼疼疼。"

无论医生说"按脚"还是"按头"，无论按哪里，患者都喊疼。

医生最后说："你手指断了。"

这类小故事虽然有点无聊，但一想到有点想笑就暂且存起来，试着说一次。说了几次之后，自己的"输出"精度提升，讲话也渐渐变得有趣了。

工作中的"哎呀"也可以作为有趣的故事存储起来。

有一天，我看见了仿佛是梦中的东西。

一眼看上去是个普通的信封。贴着邮票、写着我的名字的信封。

然而仔细一看，那个信封正面就仿佛是梦中的东西一样。

"松浦弥太郎 want you"。

在我的名字后面，用英语工整地写着大大的"want you"。

想象一下，写这封信的人，应该听说过书信的规则中有"公启"这个词吧。但他的脑海中却没有浮现"公启"这个词，而是想到了"want you"。

原本"公启"这个词并不是缀在人名后面，而是用于公司名之后，这个故事轻松地超越了这个维度。

用英语说"want you"，意思相当于爱的告白了。

我觉得奇怪而且十分有趣，便想要装进画框里挂在墙上。

这样的小故事，也会好好存储起来。

当然我并不是搞笑专家，虽然也有滑稽的故事，但所有的一切都让人捧腹大笑很难。

不过，我觉得全身心地对世界抱有好奇心、观察力、洞察力，而不是嘲讽地观察人世，记录每天的有趣之处，将之如同宝贝一般存储起来，这种行为本身就很像大人，与无上的服务精神相关。

想到这些，所谓大人的"输出"，意犹未尽。有让人扑哧一笑的乐趣，我就觉得很开心了。

7 Part Seven

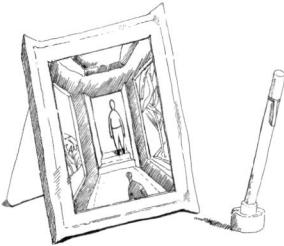

大人的写作术：
用文字分享自己的小欢喜

阐明自己的秘密。

这是文章的有趣之处。

秘密是指只有自己知道的小欢喜。

将自己的秘密一个一个地融入文章，与众人分享。

难道你不想掌握这样的大人写作术吗？

文字是交流的工具

最初爱上的是高村光太郎的诗。

小学五年级时读到的。

说实话，那时并不擅长读书。

诗虽然一般让人觉得难，但高村光太郎的诗非常浅显易懂。有一种将几十页的文字凝缩在短短五行里的感觉。

高村光太郎是用孩子都能明白的语言写诗

的人。读到他的诗，我第一次体会到能够与他人写的文字交流。这种感觉就像是面前的装满水的气球突然炸了吧？那样的瞬间刻骨铭心。

过了五十岁，我至今还把高村光太郎的诗集留在手边继续读。原因是，这是我喜欢的书，我在想什么时候自己也能写出这样的文字。

通过文字与人交流，这是人类的大发现。文字可以向身边的人或未曾谋面的人传递自己的想法和心情。这并不是像我这样以写文章为职业的人的特权。无论公私，我觉得谁都有使用文字的机会。

这篇文章虽然略显愚笨，但我想告诉大家自己的方法。出名的作家或学者，可以写关于学术研究或文章写作方法的书。我写不了那么难的内容，只能根据我的职业生涯将学到的方法和发现告诉大家。

这可以说是公开秘密吧。

想让语言有触电感

高村光太郎的诗中有一句"在最糟的生活中寻找最高的道德"。我读到这句，身体就像麻酥酥地触电一般。有"在最糟的生活中寻找最高的道德"这样的价值观？对呀，这就是我要找寻的道路！让幼小的心灵都能够直接感受到，这恐怕是我第一次对语言如此敏感。

做着二手书店的工作，做着写文章的工作，很多人会说，"从小就喜欢书吧"，其实并非如此。实际上，十几岁的我几乎没有读过书。不过，高村光太郎的诗，我倒是反复读过很多遍。

高村光太郎之后读到的是亨利·米勒（Henry Miller）。十六七岁时，找不到人生中该做什么的我，憧憬着成为大人。因此，我常常和大人待在一起。说是大人，其实是比自己年长四五岁的人。其中一个人告诉我，"亨利·米勒的《北回归线》非常好"。受到这句话的影响，我试着读了这本书。

《北回归线》是米勒的处女作，自传体小说。小说描绘了一个从纽约大学退学的年轻人，在巴黎过着放浪形骸的生活。我觉得这就是在最糟的生活中寻找最高的道德！因此，我再度有触电的感觉。

第二次的触电让我的人生发生了巨大的转折。无法适应高中生活的我，正处于人生的迷茫阶段，自己也想退学，去美国进行大冒险……

文章是能够改变人生的有力工具，在这个意义上，我自己深有体会。

此后，当我碰到能够让人有触电感觉的书、杂志上各种各样的文章时，我总是期盼着自己也能尽可能地持续创作让人有触电感觉的作品。

试着写有趣的内容

受到美国书店文化影响的我，将自己看到的、喜欢的旧杂志带回日本，推荐给创作者，再将卖杂志所获得的钱作为资金的一部分，带回美国维持生活。

不过，尽管有能带回很多经典的旧杂志的年轻人，但仅仅借此，日本的创作者真正了解国外有名的创作者的机会很少。因此，我带着旧杂志去拜访他们时，会准备一些有关美国的有趣见闻，以此来代替伴手礼。我喜欢讲有趣的话，而工作繁忙没有时间去美国的他们，也喜欢我传达的美国时下的热门话题。

快到三十岁时，打算从美国回到日本，找一份稳定的工作的我，听到一位编辑说："松浦先生的旅行话题非常有趣，试着写写吧！"于是，我就在镰仓一家到现在还在营业的名叫"*Café Vivement Dimanche*"的店里，开始用一张广告传单写散文。

之后 ANA 集团的机上读物《翼之王国》的编辑读到这篇散文后，让我开始写关于旅行回忆的连载。连载持续了两年左右。接下来，*Magazine House* 的 CLICK 杂志更新为 *GINZA* 时，我接到了为 *Book Bless You* 影像杂志写连载的工作，从此开始了直到今天仍在继续的写作活动。从 *Book Bless You* 的连载开始，产生了"猎书""little press"等词，也出现了一些想到二手书店工作的人，我觉得自己和读者之间一点点地建立了联系。

靠近文学

就这样，我就从门外汉变成了把写作作为职业。在找寻旧杂志和写文章的过程中，我意识到自己的不成熟与幼稚。我终于开始读书，虽然迟了。

成为大人之后的读书，当然是读自己喜欢的东西，为了能够学习而狼吞虎咽地读书。名著、畅销书，我都一本本手不释卷地读起来。

接着，我意识到自己从中发现了喜欢的事物。发现后，我就开始努力学习，试图掌握基本知识，并努力把喜欢的事物在自己的世界中表现出来。

我特别喜欢杰·凯鲁亚克的《在路上》、海明威的《太阳照常升起》《老人与海》等作品。英美文学的特点是没有过于细腻的细节描写，也没有在细枝末节上过于深入。为了靠近自己特别喜欢的世界，我每天都在钻研。

我喜欢的书是《吹口哨的三明治》（集英社文库）和《吹口哨的目录》（静山社文库）。

先至少准备一百个灵感

　　写作需要有所准备，我（因为做网站）每天都设置了截稿时间。我每天写的事几乎都是身边事和自己的感受。

　　有时也被人评价说不够有灵气，"无论写什么都是散文"。因为无论是丛书，还是商业经营类的书籍，我都是当作提案写的。

　　经常被人问："想出一百个灵感难道不是世界上最难的工作吗？"对我而言，这并不是苦行，也不是要命的事。因为要做各种各样的工作，为了完成工作，平时就要考虑不止一百个灵感，而是更巨大的数量。在这当中，我想要把最好的东西呈现给读者，一百只是浓缩了其中的十分之一。这样一来，也就不觉得是太难的事情。没有使用过的想法也很多。

不过最近，因为我一旦有三十分钟时间就写作，甚至边吃早饭边思考边写作，遭到了家人的反对，其实还蛮辛苦的。

我很少有找不到灵感的时候，也有很多还没付诸实践的想法。不过，我也有身体不好而无法写作的时候。可以说，时刻保持身体健康，是为写作做的一种准备。

写出来和写完

文章有写出来和写完两种状态。也不好说这是专业的技术，不过写出来的确能展示写作能力。在很多信息之中，努力写出符合自己的文章。

我主持的"生活的基本"也是同样。为了写出一开始就能引起读者兴趣的文章，几度思考推敲，反复修改。

这和人们写信或通过网站社交是一样的道理。首先是希望能够吸引读者的目光，为了他们愿意阅读而努力。之后是按照自己所想和所喜欢的方式书写。

有一点很重要，即将自己珍视的秘密阐明，即使只有一个也要阐明。这是文章的有趣之处。我的文章经常是将自己的一个一个的秘密写成文字，与大家分享。

我喜欢仔细推敲，属于基本上不考虑是否写完的那类人。我的文章有时没有总结的部分，经常让人觉得"啊？这就结束了？"好像听到有人在问"怎么办"。那我就悄悄地将秘密公开吧。这就是读者会想要再次读我写的文章的原因。如果读者觉得"还想再读到呢"，那就是意犹未尽了。

8   Part Eight

大人的计划：
平衡感很重要

在一年之初，开始写字。

这是思考过去的自己和未来的自己的时间。

关于「未来的自己」，不要想太多了。

对于大人的目标和计划来说，平衡感很重要。

年初书写

像小学生一样，我喜欢年初书写。

每年的正月一定要在家执笔。

有时会写今年的抱负，有时会写下当时在脑海中浮现的词句。

写东西对重新认识自己非常有效。

会有人观看讲禅的和尚"咻"地一下写下一个"0"。那估计就是用书写表现了心灵吧。

能够干净地写"0"，或是写歪了，都能让人明白写字的人当时内心中有哪些迷茫和不安。

通过书写的行为，能把自己的心像照镜子一样映出来。

以此了解自己的心灵状态并更新心情。

因此我会在年初书写。

与写出来相比，写的过程更重要。我不会把写出来的东西贴在墙上。

书写能够表现一个人的内在。

喜欢浓墨和喜欢淡墨，说不上哪一种好，两种都体现了人的个性。

和家人团聚或者公司开工时，大家一起试着写书法也挺有意思的。从研墨开始，试着写自己喜欢的字吧。

有人正对着砚台坐姿笔直地磨墨，像用橡皮一样，从墨的一端开始磨。无须考虑书法的正确笔法，试着轻松地按着喜好来吧。这么做着，也能看见彼此的人品和心境。

闲暇时做的事，也适合从新年初始。

我相信自己比别人写得好。

我也有喜欢的文字，即平假名（译注：日语中表音文字的一种）的"つり"。还是小学生时，我在书法课上写过。

"つり"这两个字看起来普通，但是并列起来看非常漂亮。与字的含义无关，只是很喜欢这样的文字。

若是有这样喜欢的文字，作为热身试着写写也不错。

没有特别喜欢的文字的话，就试着写写种种思绪，会找到不输给他人的或特别喜欢的文字的。

我就是这样与"つり"相遇的。

同样也有写不好的字，比如意思为书法的"書"。横平太多会让字写得很高，写起来很难。

也有很多人一开始会写自己的名字，一个字一个字分开地写。试着与字打交道，就会有新发现。

我的名字里，"松""浦""弥""太"是比较好写的，"郎"有点难，不好找平衡。

自己的名字在一年里都要书写无数次，一个字一个字地细细琢磨，也许会浮现出自己都不认识的自己。这样的书写很适宜在年初进行。

只做适合自己的事

　　四字头的年末，我每年都要在书桌上放张白纸，一边回忆着"今年怎么样"，一边写下"来年要怎么做"的目标。

　　然后将这张纸折小，塞在新一年的手账里，像是一年的护身符一样带在身边。这是从三字头开始的习惯。

　　对于生活，对于工作，我写下的都是具体内容。然后我会思考如何实现自己的梦想，把想法原样写下来。

停止这个习惯是在五十岁。

这一年突然想到，我的目标非常普通，一直持续地写的内容也是一成不变的。把已经刻在脑子里的东西再写一遍，有这必要吗?

坐在书桌面前写目标，不知怎么就有一种"必须写出新东西"的压力，于是我竭力搜寻新东西——目标、牵挂、工作、生活，这样那样的，与兴趣等相关的。

不过实际上，重要的东西不会变化，只是为了追求新目标。目标就像是免费赠品或装饰之类的东西。

写下类似免费赠品或装饰的目标，并将之折叠起来，带着前行并没有意义。意识到这一点后，我就改掉了这个习惯。

人活着就要不断进行判断和选择。

年轻时觉得有大把时间，想到有喜欢的事情就去做，于是写下了很多目标。

　　成为大人后，我的工作时限还有十年到十五年。在有限的时间里，我只做出适合自己的判断或选择，投身于合适的领域。

　　因此，大人增加了"不做的事情"。

　　因此，大人是有计划的，而且计划变得简单了。

工作中要思考和践行的目标

工作中的目标，一般分为两部分。

具体考虑数值的部分和抽象思考的部分。

比如说到收入，有"今年想要赚到多少"的数值目标。

不过，如果只考虑金钱，就变得奇怪了。钱是让人拼命努力得到的东西，是让人高兴的"印记"。

但我就不会以金额作为数值目标，而是抽象地思考："能让多少人高兴和感动？对多少人会起作用？"把人数作为具体的数值目标。

我的解释是，将影响到的人的数量，按照收入比例来核算，就能兼顾金钱的目标。

经常考虑的是和人数与规模相关的事。

"在这一生中，肯定会有因为我的作品而开心的粉丝，把这些人都加起来，能达到东京体育馆的容纳人数吗？"

"有佛罗里达华特·迪士尼世界度假村里的游客那么多的'人'吗？"

"是一天只进两个人的整洁饭馆里的'受众'吗？"

这时我并没有考虑"浓度"。

我并不觉得饭馆里一天中唯二的客人开心"浓"，

而一年游客约一千七百万人的迪士尼度假村里的喜悦"大而稀薄"。

让人无论什么场合都感觉到品质相同、喜悦相同的工作，我觉得这是当今时代所需要的一项发明。这项工作虽然浓度不同，但并没有从人数规模上考虑的必要。

无论通过哪种工作，保持同样的浓度，能够送达有用的、快乐的、解决困难的方法是我的目标。

我在名叫松浦弥太郎的公司中工作，拥有"执笔""编辑""经营公司"三种与人沟通的渠道。虽然是不同渠道，但在另一端的都是最终我想取悦的"人们"。

无论通过哪种渠道，都能按照同样的浓度，没有经过稀释，传达有用的、快乐的、解决困难的方法是我的目标。

令人悲伤的是，因为人的能力有限，我没有向数量为一亿的"受众"传递什么力量。这就是我必须认识到的问题。

尽管如此，我还是觉得规模越大越好，"受众"的人数越多越好。为何这么说？因为关联的"受众"能成为一个特殊的世界。

对于从美国回来时三十岁的我来说，"受众"指的是比如中目黑半径一公里圈里的人。

能够赢得大家的欢心让我很开心，也让我能明确自己的存在。不过，如果一直这样的话，我会觉得寂寞。

一点点扩张半径是自己的目标，也会因此而开心。

现在我并不想采用"让已经明白的人明白"这样的传播方式。比如说，我并不想只被在表参道（译注：日本的地名）散步的有品位的人认同"有共同点"。

写文章、做媒体，自己发出什么信息时最先想到的"受众"，是全世界的孩子和老奶奶。

"能触动在乡间生活的老奶奶的心灵的是什么？"

"不谙世事、满是梦想的孩子们觉得好、觉得酷的是什么？"

我总是在思考这样的问题。

把更多的人
装在心里

扩大"受众"的范围。

扩大了范围的"受众"怎样才能够因为同样的原因而喜悦，并且觉得这是有用的东西？

这非常难，我因此非常苦恼、不断试错，我觉得这就是我工作的"基本"。

让扩大范围的"受众"获得同样的喜悦。换言之，这就是提供普遍的"基本"。

迄今为止的书、杂志和媒体，都在试着向世间的"众人"传达。向"众人"传达很难，所以做出来的东西都是以有品位的人为焦点，以此传递热点、流行和时尚。

我想要做的是刚在起步阶段且能深入下去的新领域，然后直接向"众人"传达信息。

在此之上，我必须有独立性，必须有发明。我觉得这是非常难的挑战。

因此我每天都在扩大想象"众人"的半径。

"住在小城里的老奶奶早上起来，都会吃日常的早餐。在米饭与昨天剩下的味噌汤里，打一个鸡蛋进去。睡不着时看着电视，休息一下，悠闲地逛着街，在杂货店里买些什么，想着什么事，晃悠悠地回家。对于这位老奶奶，我要传递什么才能让她开心呢？要用怎样的语言才能让她有精神呢？"

不管怎么想象，我还是对老奶奶一无所知。

"世上没有超人"，我也不是。不过转念一想，想象力也更为开阔。

不管是多么伟大、拥有权力、看起来拥有一切的又聪明又漂亮的人，我觉得都是脆弱的。

在脆弱这一点上，人类是一样的。

人类既脆弱又易困惑，期望能获得他人的帮助，也寻找着能拯救自己的东西。

我自己在日常的工作和生活中，也有很多想不通的事情，也因此经常苦恼不安，所以很理解这样的心情。

把手放在自己胸前，强迫自己努力，也许浮现不出"老奶奶的苦恼"，但也可能自然地想出来。

我拾起这些想法，想要传递这些内容，将其变为解决方案。

为了很多的"受众"，也是为了"受众"中的我。

　　我写文章时，只用简单的语言。从事媒体工作时，为了能让忙碌的人也能轻松阅读，虽然想多写，但我也会写短一些，因为不想让迷惑和脆弱的人感受到压力。

　　我希望那些尽管不太明白意思的孩子在读到文章后，心中也留下点什么。向那些像老奶奶那样住在很远的地方的人，也能传递还没有人说过的内容。我相信这是最高级的实现自己价值的方法。

不去想以后

考虑到这一两年工作的数值目标，对于我就是思考"十年后就是六字头，六字头要过怎样的日子、做怎样的工作"之类需要具体思考的内容。

想要六十一岁的我还很健康、不被众人嫌弃，希望被人当作"要是不在了可就麻烦了"的存在。

除此之外，我还想到了不好意思对人讲的小事。

日常生活和工作总是让人觉得不安，这将形成巨大的波浪把自己吞没。

简单地说，我早上四点半起床，并不是因为晚上十点睡觉，而是因为巨大的不安而醒来。

冒险带来的激动情绪经常让人开心，但由于担心而产生的紧张，经常让人很难受。为了让这种忧虑能稍稍得到缓解，十年后的我也要这样存在，也许这就是我堂堂正正生活的理由。

我还有大目标。

与众人都觉得"这种感觉""这样"无关，我想要通过工作将没有人说过的重要的事情用语言表述出来。

尽管是件普通的小事，但写成文章后会让人觉得开心，"啊，这个呀，很重要"。让人觉得，"原来如此，用语言表达原来是这样的"。

总之，就是用语言制作"基本"。

借助自己的语言调节大家的心情，是我做各种工作的目的。

让人开心并得到关注，最后发挥了我的作用。

都是为了人，也许这话说得太漂亮了，但是这是活过二字头、三字头、四字头的我，历经多年都要达到的目标。

随着年龄的增长，我终于注意到的是，从出生到昨天，与自己为别人、为世界贡献的东西相比，世界和他人给予自己的更多。意识到这一点之后，优先顺序变成世界、他人和自己，自己放在最后也是自然而然的。

无论如何都要让自己发挥作用。想要给世界些什么。为此，我觉得今后的自己应该用心做事。

比实现我自身的价值还要优先的是，"不让人悲伤、受伤"，这是最优先的。

说到这里，关于二十年后的自己的印象应该是"这样的感觉"。

关于将来，我几乎没有考虑。

我经常考虑的是现在。不知道将来如何，这也是一种期待。

9 Part Nine

大人才拼命工作：
保持注意力的方法

有一家因为不知道何时来客人而二十四小时营业的店铺。

这就是我的网络媒体工作。

如果有在意的事情，就立刻处理。有新产品，就马上陈列。

「那个人总在店里，什么时候睡觉啊？」

让人觉得不可思议的店主，就是我。

最快的是自己的手

"生活的基本"类似手工制作店，是一个非常有人情味的网站。

"松浦弥太郎做的媒体，聚集了精挑细选的工作人员，自己只要高高在上地发号施令"，这样的话，其实没什么意思。这样会让我困惑自己为何要接受新挑战。

第一，我觉得如果采用这样的操作方法，无法与用户进行人与人之间的交流。

每天在现场动手和挥汗，都在勾画原型。

料理、执笔和编辑都努力去做，竭尽自己所能地创作。

努力、努力，在不足之处要更加努力。不这样做就无法获得用户的信任。

即使有新挑战也要努力，努力到"谁都不能模仿了吧"的水平。觉得"啊，到这里了吧"，却还要继续，"咦，注意这里"，继续努力直到最后完成。这就是我努力的方式。

这也许是很要命的事情。

这也许是很吃力的事情。

即便如此，大人才拼命工作。以此为"基本"的话，我相信自己任何时候都宛如初生。

不仅是《生活手账》这本书，从这个性质上来讲，杂志产出时需要花费更多的时间。

需要摄影师摄影，一起商量理念，调整拍摄日程……这么一来，做一个专题要将近一个月。

要是对方是设计师，那便需要等待设计完成的时间，自己这边的工作也需要数日才能完成。

印刷一定需要两周时间，离手之后的等待时间也很长。

总之，从最初涌现出"想要做"的念头开始，到成为杂志的最终形态，至少要花两个月时间。一般来说，还要更多时间。

虽说令人意外，但我天生是个急性子。

等待的时间令人痛苦，如果在这期间又产生新的想法，到新想法终于实现时，虽说是自己想出来的，但感觉已经是很久以前的事了。

在这一点上，互联网的速度，还是适合急性子的我。

今日所写的今日能上传，当时发现的问题当时便能改善。如果今天来不及改，明天也可以改。即便是大规模地改结构，也不需要花费数月的时间。

并不是说"快点把事做完"，而是快速地成形和修改，在现在已是常态。

总之，反省"应该这样做"后马上可以做下一项工作。这非常有感觉，易操作。

我觉得，用这种方式工作提升自己能力的速度也很快。

大部分的工作是自给自足，我觉得这是网站的特征。

比如早上将自己头脑中的新鲜事写成稿子，上午拍摄料理，接着一起拍摄动画，下午进行一小时左右编辑后，在傍晚上传。要是做杂志就非常难，一天根本完不成，而在网站上自己一个人也能完成相当多的内容。

而且涉及内部事务，"生活的基本"所需的经费非常少。

比如做一个月的专题所需要买的蔬菜和肉，平均为两万到三万日元。虽说我和工作人员的人工费算起来不便宜，但因为人少，因此与杂志相比，费用也是令人吃惊地低。

不计预算，不计时间，只凭自己的能力、努力与想法，能有相当高的产出。花费的工夫令人愉快，表现力也强得让人高兴。希望大家了解纯粹的"松浦弥太郎的品质"，希望得到大家的信任。在这样的心态下，拼命工作是自然而然的。

每天开发新东西，然后每天检验。

网站的一切都很具体，比如多少人看过就不是"一天大约五百人"，而是"某月某日某时某分访问者五百二十二人"，一目了然。

想要分析的话，也能分析。这个选题好不好，用户喜不喜欢，都能没有限制地验证。

有数据的验证和技术的验证，而我采用的则是用户的感觉验证。每天反复并持续改善。

打个比方，盖了一栋房子后，房东每天都要修整某处，增添新的部分，而且每天都有人来拜访。

每天都是现场演出。

我自己每天早中晚写评论，做针对早晨或傍晚时分的专题。

"生活的基本"已经做了一年了，我终于注意到的是，自己一天都没有休息。有一家二十四小时全年无休的店，拼命工作的我做到了。

大人必须比年轻时还要拼命工作

　　虽然大多数时候都是愉快的全日制工作，但有时身体会撑不住。比如进入五十岁的我，在很多时候潜力下降，注意力、体力和精神之类的与人生当中最好的阶段相比也在下降。

　　其中下降得最严重的是注意力。

　　无论是写稿还是思考，现在我能持续集中注意力的时间也就三个小时左右。

　　对于自己所做之事，寻找正确答案是工作

中的重点，所以我极力寻找"这样做就能做成呀"的点。

不过，当我思考超过三小时，注意力就涣散了。不管怎么努力，思想还是光明正大地形成循环，开始无法分辨眼前之事是好是坏。

"咦？我刚干什么来着"，也会有这样发呆的情况。

在三十岁的巅峰时期，发生这种情况是在工作六小时之后。现在却经常出现无法集中注意力的情况，看来的确是我注意力下降了。

因此进入五十岁，如果不能以三十岁人的一倍半的拼命程度去工作，就无法完成自己想要做的工作。好不容易掌握的媒体工作的节奏，也会随之被打乱。

到底是大人，必须比年轻时还要拼命工作。

二十四小时营业的店铺

成为大人之后，我渐渐失去了注意力。

这是事实，但因为人一直走向衰老，所以无须刻意阻止。

只要掌握两点基本，就能保持高度的注意力，也能持续工作。

保持注意力的第一点是转变心情。

但转变心情并不是休息。三小时过去了，

觉得自己也许渐渐不行时，换做其他完全不同的工作。

　　集中做一件事时，就像一直在地上挖洞。挖到一定程度，就会进入再也挖不动的状态。这是注意力消散的时间点。

　　因此要换做别的工作，开始挖不同的洞，做不同的工作。这么做等于再启动，又集中了注意力。

　　我在做网站工作时，若是注意力涣散，就换换心情，做关于经营的事务，写散文、检查杂志连载等，做完全不同种类的工作。

　　当然这种方法无法保持百分之百的注意力。人是有感情的，也会受当天心情的影响。

　　有时会觉得"今天只能到这里了，做不了啊"，有时会觉得"不，再加把劲儿"。我觉得从中取得平衡，也是大人的工作方法。

保持注意力的第二点是，对自己的工作抱有无法满足的好奇心。

我对自己做的"生活的基本"网站抱有很大的好奇心。

让自己成为老奶奶、高中生、同龄男人，尝试各种方法，了解他们的想法。这样就有了各种各样的发现。

"啊，这里这么做比较好呢。"

"这篇文章不好理解呀。"

"跳转到这个页面，怎么这么慢呀。"

有发现，就会有"哎呀，要怎么办"的想法。有了想法再多下功夫，就有"更好""也能这么做"的新发现，由于好奇心打开了所有事物，让注意力也因此复原了。

用户不仅仅是在浏览"生活的基本"网站。世上所有的媒体都在自我进化。进化过程中，用户的体验也在慢慢变化。"一周前感到吃惊的东西，今天再看到就不再吃惊了。"

感受着这种变化，做出对今天来说最好的东西。并不是"这就完事了"，而是每天都在思考如何更好地制造惊喜。这样的反复中，好奇心不可或缺。

注意力与好奇心的组合就像网球双打选手一样，相互补充后拼命工作，也许我就是这样被驱动的。

因为开心有趣才拼命工作，并保持初心。既无新意也无法激发好奇心的工作，自己也容易冒失，这并不是好事。

作为大人，看清这一点也很重要。

10 Part Ten

大人的创业：

在『基本』上开出的花朵

五十岁给人的印象是，『进入完成的年岁』。

比如将此前自己做的事完结。

不过，真的是这样吗？

自己创业不也挺好吗？

五十岁是怎样的年纪？

因为经验丰富，觉得自己能做新业务，要是这么想，那就大错特错了。

回归初心，就必须学习各种各样的东西，要重新审视迄今为止的经验，判断哪些是必要的，哪些是不必要的。

所以五十岁开始做新业务，不是容易的事情。

尽管如此，当我下定决心"做新业务吧，现在就创业"之时，我的心是雀跃的。

"现在开始踏出新一步了。"一旦有了这样的意识，所有的事情都变得开心起来。

四十九岁时从"生活手账"公司转到 Cookpad 的我，算是白手起家，"生活的基本"便是我开始做的新媒体。

进入全年无休的二十四小时营业的状态后，我在工作中度过了二〇一六年，迎来了五十岁。

直到几年前还一直觉得，"只要到了五十岁，就能成为智慧的大人了吧"，会有自己的立足之地，有点了不起，强化着自己构筑的一切，有一种完成人生的感觉。

不过，真到了五十岁，我突然发现："我不想成为了不起的人！"

从五十岁开始的人生，想要平凡地平静度过。

到今天为止，我都还在思考："怎样生活、怎样工作，才能让人生过得开心又有意义呢？"于是一直试着生活。我的真心话是："今后也一样，应该怎样生活、怎样工作，才能让人生过得有趣又有意义呢？然后不断试错。"

　　"从零开始做些什么。我想创业。"

　　迎来五十岁之后，很快涌现出这样的想法。

创业的不安与让人捏把汗

不过，想法并不只是单独出现的。

刚到五十岁时，随着"想要做新业务"的深切愿望的出现，不安也随之产生。

现实中开始感觉体力下降，偶尔也开始遗忘，此前一直使用的工作方法也没那么顺利了，增加了很多"啊？"的情况。

因为人是脆弱的，身体状况变差，心气也渐渐变得弱了。

开始变得保守，也有想拼命保住"现在的自己"的想法，也会突然偷窥自己的容颜。

接着，对于现在的自己，自信心开始动摇了。

"这样是正确的吗？这样解释可以吗？"

无论是网络媒体的内容还是书，发布内容时都有一种捏把汗的感觉。

"不能作为参与者的日子渐渐迫近。也许是倒计时的阶段。"

人到五十岁时带来的不安的感觉笼罩了我，感觉自己被带着去了别处。

不过，要是进入守势，把目标变成"成为了不起的人"的话，我就不再是我了。

一想到"想要保持现在的立场"，自己的容颜就随之变化。如果决心维持现状，就会立刻感觉自己老了。

因此，有了这种感觉时，强烈喷涌而出的是这样的话："不要、不要、不要！"

我到底还是不想成为了不起的人。

我不想成为退居二线的评论家。

虽然不讨厌年岁渐长，但还是觉得无法忍受心灵老去。

我还不想停止对各种事物的尝试，以后也想在挑战中活下去。

这也许是很理想的论调，但我希望五十岁以后能尽可能抵抗衰老，年岁越长越要活得年轻。

为此必须做的和要学习的是什么？

这么一想，到底还是想"创业"。

自己的时间有限，要是硬撑着也没效果的话，我想要以"不想浪费自己有限的情绪和时间"的心情做起。

　　忘我地热衷于从零到一地创业，想想看剩余的人生中还能做几次，一次、两次，最多三次吧。

　　二〇一六年十二月，我从 Cookpad 辞职，二〇一七年一月加入刚刚成立的创业公司"美味健康"。自己从零创立的"生活的基本"网站也慢慢地前行着。

发球得分

迄今为止，得到"希望解决这个问题"的诉求后，以百分之一百八十的状态应对，这是我的工作。

要求不仅是来自客户、公司的，世界、社会也会抛来这样的诉求——"希望你解决这个问题。"

这和打网球类似，我就是不断把球打回去的那一方。

　　球飞过来有一种被承认、被需要的幸福。不过另一面是，球没完没了是事实，无法决定是怎样的球也令人焦躁。

　　不过创业，做好新的公司，自己也能发球得分。

　　向着世界打出自己的球。

　　想想三十岁的自己，和现在相比，持有的球很少，但一直拼命持续着把球打回去。

　　以后我也想再次发球得分。并非依靠体力狂打，而是经过好好思考后认真地打出自己的球，然后发球得分。

　　同样，发球也会厌烦，我决心发出令人感叹"哇！厉害"的球，令人赞叹的漂亮的球，有新意的球。

拥有发现出色的才能

年轻时的我，找不到自己喜欢的东西，却能把讨厌的东西列出来表达自己的主张。

"这不酷""那是骗人的""这是装内行"。若是被人问道："那你到底喜欢什么？"就答不出来了。这么说来，用否定的方式，无法发球得分。现在想想，那时拼命地主张自己，是为了努力了解自己吧。

不过成为大人的我，与厌烦的东西相比，还是喜欢的东西多。

无论对人还是对事，都不以第一印象判断。用"虽然觉得这样，但可能还有出众之处吧"的目光，小心地深度观察。

现在，我觉得发现事物或人的闪光点是自己的优点，让人们讨论被我发现的好的东西，是我最爱做的事。

如果说我有什么过人之处的话，我觉得是"发现闪光点的才能"。

即使是大家要扔到垃圾箱的、不要了的东西，我也能仔细看出，"还有这样出色的地方呢"。

大家都觉得"这是哪里都有的普通货色"、不想再看的东西，我也能有"试着靠近后,发现有着温柔的香气"的发现。

借此产生了新的价值观——如果自己有能力，那就要在世界上发挥作用。

经过十几岁到三十几岁的年少时光，回溯突飞猛进的年岁，我是个充满好奇心的少年，是那种在街上看到有人聚集，就会赶快过去，站在最前排，全神贯注地观看的人。

即使是街头艺人、百货公司的销售演示，我也一定跑到最前排，连声叫着："好棒！好棒！"眼睛还闪着光。

我会被少见的、有趣的或是让人开心的事物打动。想着将它们存在自己心中实在可惜，于是我急忙回家，告诉家里的所有人。如果这样依然难以释怀，便还要给所有的朋友打电话："我今天看到了这么好的东西！"

那时的我是先人一步发现众人还未发现的好处，然后用语言表达出来而特别得意的年少的松浦弥太郎。

到了五十岁，我一定回归本真的自己。

这就是我要为这个世界做的有益的事情。

我发出的"这多好呀，多厉害呀"的感叹，让家人、朋友、学校的老师都很开心。以这么小的成功体验为基础，我觉得今后能做的事情还有很多。

懂得独立思考

为了实现自己的想法，我习惯一个人思考。和人讲时想法已经快实现了，类似汇报。

与人商量后得到的意见当然是有用的。不过，从根本上来说，到底是自己一个人面对时，才能把事情彻底地想明白。

虽然一个人得出结论很辛苦，但不会后悔。

这说的不单是做好一家公司。大人想要有新的开始时，和自己商量后自己决定难道不是

"基本"吗?

不与人商量,能够拓展可能性。

因为能够做到"不是自己以往的风格"。

比如我最开始使用 Facebook、Instagram 时,很多人说:"用什么网络社交媒体,太不像松浦先生的风格了。"

不过对我来说,正因为"不是我的风格",我才有兴趣试着挑战。如果一直不了解,不拓展世界就太遗憾了。

试想做《生活手账》的总编辑时,经常被人说"不像你的风格"。不过九年里,《生活手账》变成了我的风格。

加入 Cookpad 公司时,有人说"互联网创业公司?太不像松浦先生的风格了"。很有意思的是,在 Cookpad 做"生活的基本"后,别人又评价"非常松浦先生呢"。

这么说来，自己的风格难道不是自己新尝试的东西吗？

这么一来，也许不需要别人的评价或意见。

今后我一定引领出更多"不像自己风格的东西"。

新事物和持续性

　　虽说创业是新的开始，但我觉得大人的创业在新事物和持续性中取得平衡才是"基本"。

　　持续做同样的事情，谁都会涌现出"如果一直这么做下去，有什么意思"的想法，但有所保留也是很重要的。

　　"这么说来保持现有的立场和有所改变，不矛盾吗？"也许有人会这么想，但我觉得"既有保留又有创新"是大人的智慧。

"回归到零再开始做什么，会有变化吗？"其实很简单。

带着起初的感情，一直不变地持续下去，是非常难的。

更难的是，既有保留又有创新。就是说，一方面带着最初的爱，保持根本的理念一直不变；另一方面，根据社会的变化、人的要求改变，不断开出新鲜的花朵。

不过我做好了挑战困难的心理准备。

"我想要把别人注意不到的妙处揭示出来。"

"我想要帮助迷惘的人。"

"我想要把自己视作对这个世界有用的工具。"

"我想要把大家感受到却没有形成语言的东西写出来。"

我一直在持续着这样的基本。

写书、写散文、做《生活手账》、做"生活的基本"，都是把表达和传递方法变成新鲜的内容。

今后会一直既有保留又有创新地做下去。

不管得到的是怎样的反响，我的目标还是不会变的，即打造自己的新风格。

Epilogue 尾声

不回首

迄今为止的人生选择中，并没有觉得，"啊，不是这个选择"。

也许走错了路。

也许做了错误的判断。

不过，过去的事情也过去了。因为无法修改，即使回顾也没有意义。

因此我没有回顾过去的习惯。

四字头快要结束时，四十几岁对我来说已经过去了，变成了"已经结束"，成了不需要回顾的岁月。

四十几岁的我，也并没有想象过自己五十几岁会怎么样。也许只是因为四十几岁对我来说挺好的吧。

　　五字头的我，也全然没有想过六十几岁时会怎样。

　　现在这个瞬间，即使星球毁灭、自己死亡，也不会后悔，而是怀着感谢和心满意足的心情。

　　与很多人相会，我有了很多经验，得到了很多东西。

　　我非常幸福，感觉得到了恩宠。

　　"在此之上又期望什么呢？不是有饭碗了吗？"

　　也有自己问自己的时候。

　　这么一来，我总是得出同样的回答。

　　我非常幸福，并得到恩宠，所以必须有所回报。因此我必须成长。

　　我能和很多人相会，积累很多经验，得到很多东西，是因为得到别人的帮助，得益于幸运。

　　自己得到的幸福，必须报恩。

　　作为大人，要怎样报恩呢？

　　我决定继续做新的"基本"。

　　这是把在涩谷广播中的《五十岁的基本》中讲过的内容组织后编成的书。谨此感谢制作人伊藤总研先生和各位工作人员。

图书在版编目（CIP）数据

我想要始终不渝地生活 ／（日）松浦弥太郎著；
郑悦译. —— 杭州：浙江大学出版社，2018.5
ISBN 978-7-308-18109-9

Ⅰ. ①我… Ⅱ. ①松… ②郑… Ⅲ. ①人生哲学—通
俗读物Ⅳ. ①B821-49

中国版本图书馆CIP数据核字（2018）第062590号

OTONA NO KIHON

Copyright © 2017 by Yataro MATSUURA

All rights reserved.

Original Japanese edition published by PHP Institute, Inc.

This Simplified Chinese edition published by arrangement with

PHP Institute, Inc. through Eric Yang Agency

浙江省版权局著作权合同登记图字：11-2018-270

我想要始终不渝地生活

[日] 松浦弥太郎 著　　郑悦 译

策划编辑	顾　翔
责任编辑	徐　婵
文字编辑	马一萍
责任校对	仲亚萍
出版发行	浙江大学出版社
	（杭州市天目山路148号　邮政编码 310007）
	（网址：http://www.zjupress.com）
排　版	杭州林智广告有限公司
印　刷	浙江印刷集团有限公司
开　本	787mm×1092mm　1/32
印　张	6.25
字　数	85千
版 印 次	2018年5月第1版　2018年5月第1次印刷
书　号	ISBN 978-7-308-18109-9
定　价	39.00元